U0213940

筑境

中国精致建筑100

1 建筑思想

风水与建筑
礼制与建筑
象征与建筑
龙文化与建筑

2 建筑元素

屋顶
门
窗
脊饰
斗栱
台基
中国传统家具
建筑琉璃
江南包袱彩画

3 宫殿建筑

北京故宫
沈阳故宫

4 礼制建筑

北京天坛
泰山岱庙
闾山北镇庙
东山关帝庙
文庙建筑
龙母祖庙
解州关帝庙
广州南海神庙
徽州祠堂

5 宗教建筑

普陀山佛寺
江陵三观
武当山道教宫观
九华山寺庙建筑
天龙山石窟
云冈石窟
青海同仁藏传佛教寺院
承德外八庙
朔州古刹崇福寺
大同华严寺
晋阳佛寺
北岳恒山与悬空寺
晋祠
云南傣族寺院与佛塔
佛塔与塔刹
青海瞿昙寺
千山寺观
藏传佛塔与寺庙建筑装饰
泉州开元寺
广州光孝寺
五台山佛光寺
五台山显通寺

6 古城镇

中国古城
宋城赣州
古城平遥
凤凰古城
古城常熟
古城泉州
越中建筑
蓬莱水城
明代沿海抗倭城堡
赵家堡
周庄
鼓浪屿
浙西南古镇廿八都

中国精致建筑100

军事村落——张壁

杨昌鸣 谢国杰 张玉坤 撰文/谢国杰 徐庭发 摄影

中国建筑工业出版社

出版说明

中国是一个地大物博、历史悠久的文明古国。自历史的脚步迈入新世纪大门以来，她越来越成为世人瞩目的焦点，正不断向世人绽放她历史上曾具有的魅力和光辉异彩。当代中国的经济腾飞、古代中国的文化瑰宝，都已成了世人热衷研究和深入了解的课题。

作为国家级科技出版单位——中国建筑工业出版社60年来始终以弘扬和传承中华民族优秀的建筑文化，推动和传播中国建筑技术进步与发展，向世界介绍和展示中国从古至今的建设成就为己任，并用行动践行着“弘扬中华文化，增强中华文化国际影响力”的使命。从20世纪80年代开始，中国建筑工业出版社就非常重视与海内外同仁进行建筑文化交流与合作，并策划、组织编撰、出版了一系列反映我中华传统建筑风貌的学术画册和学术著作，并在海内外产生了重大影响。

“中国精致建筑100”是中国建筑工业出版社与台湾锦绣出版事业股份有限公司策划，由中国建筑工业出版社组织国内百余位专家学者和摄影专家不惮繁杂，对遍布全国有历史意义的、有代表性的传统建筑进行认真考察和潜心研究，并按建筑思想、建筑元素、宫殿建筑、礼制建筑、宗教建筑、古城镇、古村落、民居建筑、陵墓建筑、园林建筑、书院与会馆等建筑专题与类别，历经数年系统科学地梳理、编撰而成。本套图书按专题分册，就其历史背景、建筑风格、建筑特征、建筑文化，结合精美图照和线图撰写。全套100册、文约200万字、图照6000余幅。

这套图书内容精练、文字通俗、图文并茂、设计考究，是适合海内外读者轻松阅读、便于携带的专业与文化并蓄的普及性读物。目的是让更多的热爱中华文化的人，更全面地欣赏和认识中国传统建筑特有的丰姿、独特的设计手法、精湛的建造技艺，及其绝妙的细部处理，并为世界建筑界记录下可资回味的建筑文化遗产，为海内外读者打开一扇建筑知识和艺术的大门。

这套图书将以中、英文两种文版推出，可供广大中外古建筑之研究者、爱好者、旅游者阅读和珍藏。

目录

军事村落——张壁

黄河流域，是中华文明的主要发祥地之一。黄河人以他们特有的聪明才智和勤劳刻苦，为中华文明的发扬光大作出了不可磨灭的贡献。一个令人深感兴趣的问题是：黄河流域历史上战乱频繁、灾荒不断，黄河人何以能在战火纷飞的年代中繁衍生息?当我们以历史的目光在中原大地上掠过时，发现了解答这个问题的线索之一，这就是黄河人用自己的智慧与血汗垒筑成的无数个军事设防村落：堡、寨、坞壁等等，它们比较集中地分布于汾河平原、渭河平原及晋中盆地。但是，这种军事设防村落在建筑史上远未受到重视。殊不知，正是这些遍布于黄河周围的军事设防村落，生养了黄河人，也保存了地方文化。因此，研究中原大地的地方文化就不能忽视这些军事设防村落。

然而，沧海桑田，换朝更代，在不间断地发展和变革的过程中，能够完整地保存至今的军事设防村落可谓凤毛麟角。山西省介休市龙凤乡张壁村是个少有的例子，它位于战乱频繁的晋中盆地内，有着以军事性为主的规划格局，建筑品质高且内涵丰富。张壁村的始建年代，没有确切的史料可供考证，但从村中大户张姓的家谱及村落的结构来分析，它的起源至少可追溯到元末明初。也许是由于历代村民基本上没有拆除祖先遗留下来的重要建筑物的缘故，使得这个古代军事设防村落的格局大体上得以保存下来。

图0-1 张壁村总平面图

从张壁村的总平面图上，我们可以十分直观地看到张壁的堡墙的自由形态以及村落内部的“丰”字形道路网络。

1.可罕庙；2.关帝庙；3.西方圣境殿；4.二郎庙；5.三大士殿；6.真武殿；7.空王佛行宫；8.吕祖阁；9.鼓楼；10.照壁与七星槐；11.古墓；12.藏风桥；13.槐抱柳；14.张家祠堂

从元末至今，张壁村经过600余年的经营，形成了一个较为理想的居住环境。村内的巷道自然伸展而富有理性，如同树的主干生长出枝叶，既有变化又有秩序，空间形态美观丰富。一座座民居院落沿巷道展开，院落内部农情怡人，洋溢着浓厚的家居气氛。

张壁村的可贵之处就在于它严格而高度理性的军事化与农耕化相结合。这里地险易防，夯土而成的堡墙、星罗棋布的地道，以及沿着巷道设置的一道道门洞，渲染出浓厚的军事气氛。可以毫不夸张地说，张壁村的军事防御体系比普通军事设防村落更为完备且富有特色。

此外，宗教文化在张壁也占有较大的比重。南北堡门附近集中了8个庙堂，如空王佛行宫、吕祖阁、二郎庙、关帝庙等等，它们与地形巧妙结合，高低错落，构成了空间的张弛变化，是张壁古建筑的精粹。

虽然我们无法精确地以年代来论证张壁的发展历程，但在一个如此微小的村落中，农家住宅、军事设施、宗教建筑共生并存，以美观的形态营造出丰富的空间变化，已足以引起人们对它的重视。

张壁留给我们的不仅仅是物化的形式，更吸引我们的还是它那深刻的营造理念与文化内涵。

图0-2 张壁的古建筑群（徐庭发 摄）
在黄土坡上的这个看起来十分普通的村落中，居然保存着如此众多的古建筑，实在是令人既感惊讶又感庆幸。

一、诞生于战火与硝烟之中

晋中平原自古至今为兵家用武之地。在古代，每逢战事，各地封建统治政权可以筑城固垒，以保护自身之安危。但城池为各地统治者首府，其面积终究有限，只能容纳部分平民百姓。城外广大农村地区的众多农民若无防护自身安全的屏障，就难以在这块土地上生息繁衍。于是，聪明勤劳的晋中人也仿照城池，在村落的周围起壁筑垒，建起一道厚实的防护墙，形成一道坚固的防御屏障，并且组织村落中青壮男丁为乡团，既可有效地保护自身的生活与安定，又可有效地攻击敌人。这就是我们所说的军事设防村落。

介休位于晋中盆地的南端，“东望蚕蔟之山，西距雀鼠之谷，绵山峙其前，汾水经其后”。吕梁山与太行山在此向南，缩为一窄长形通路，为晋中平原通往汾渭平原的咽喉道路，故介休一带为历代兵家必争之地。古人形容其地势曰：“介休舆图平坦，上接平遥，下交灵石，难称四塞。然而蚕蔟高峻拥其后，西入雀鼠谷（雀鼠谷为介休市西南二十里的重要关隘），津隘崎岖，水经夸地险为古战场”，其军事地位的重要性不难想象。张壁村正是在战火与硝烟中产生与发展的。

然而，介休不仅有战火和硝烟，更有绚丽的文化和优美的风景。

介休的文化是与绵山紧密相连的。介休因春秋晋国贤臣介子推而得名。春秋时晋国多难，晋国重臣介子推辅佐公子重耳（公元

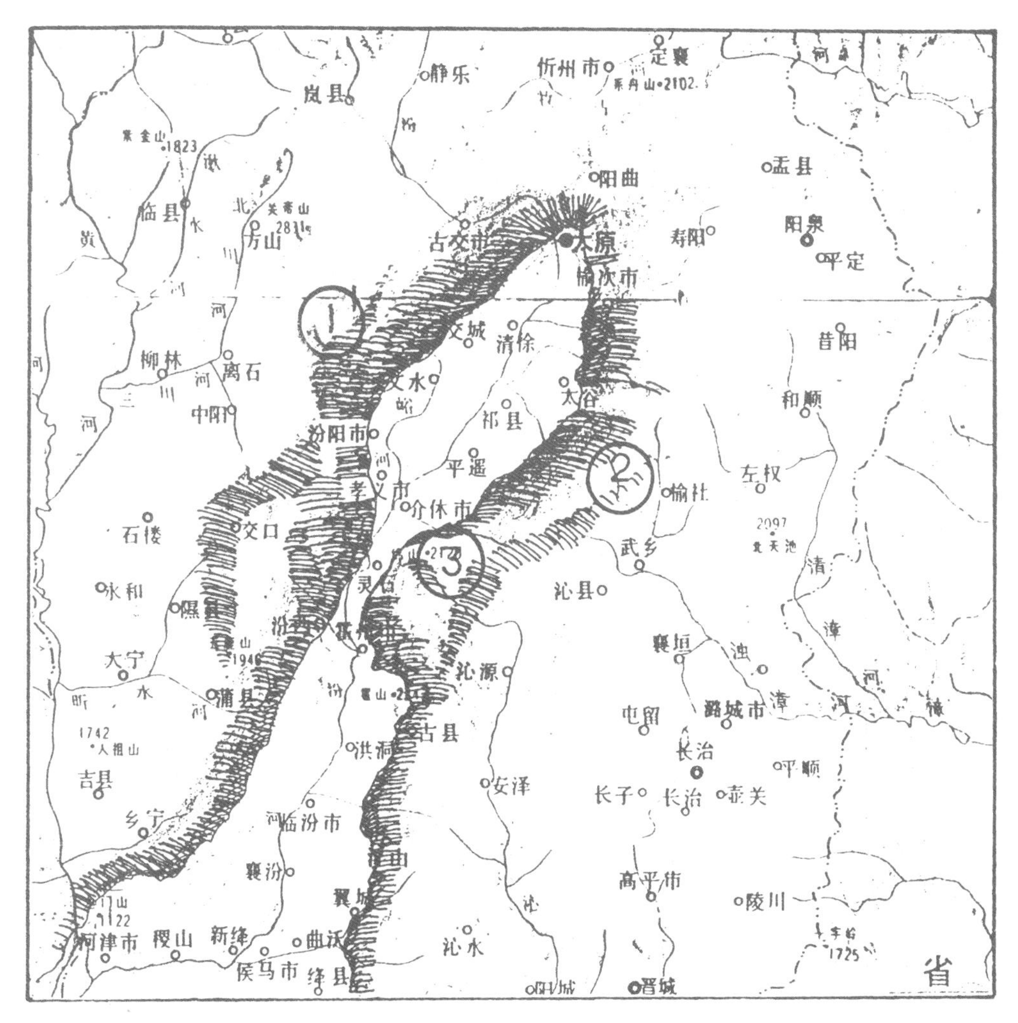

1.吕梁山；2.太行山；3.绵山

图1-1 晋中盆地地理位置与城市分布图

晋中盆地位于山西省中部地区，系由吕梁山和太行山夹合而成的一个蚕豆形封闭盆地。海拔为400—800米。黄河第二大支流汾河在盆地中由北至南穿过，并向东西方向分支出五条支流：文峪河、潇河、昌源河、乌马河和龙凤河。这里土壤肥沃、灌溉方便、农业发达，孕育了内涵丰富的晋中文明。

前？—前628年），曾割股以啖公子。后晋国称霸，重耳即晋文公。介子推耻于与奸臣为伍，奉母隐于绵山，晋文公率众来绵山，呼之不出。遂放火烧山，意在逼介子推出山，但介子推始终不出，和母亲同被焚死。晋文公为纪念介子推，以绵山之土封之，因而绵山又名介山。

多方面的文化土壤孕育了张壁的建筑形态。张壁作为军事设防村落，它的成长与发展有其特定的历史背景和地理条件：晋中盆地与介休多战的历史是它军事文化的渊源；张壁作为农业聚落，农业经济亦是它的大背景，“人非土不立，非谷不食”（《日食通・社篇》）；当人类最基本之需求“吃”与“安全”满足后，人类又受宗教诸神之影响，为其修庙筑堂，以求得心理之满足，宗教文化的影响随之凸现出来。张壁正是军事文化、农业文化、宗教文化的结晶。

图1-2 绵山景色
绵山是著名的佛教名山，山中风景可用古、奇、险、美四字来形容。绵山寺庙众多，其中历史最为悠久、规模最大的是抱腹寺建筑群，迄今至少已有一千七百余年的历史了。

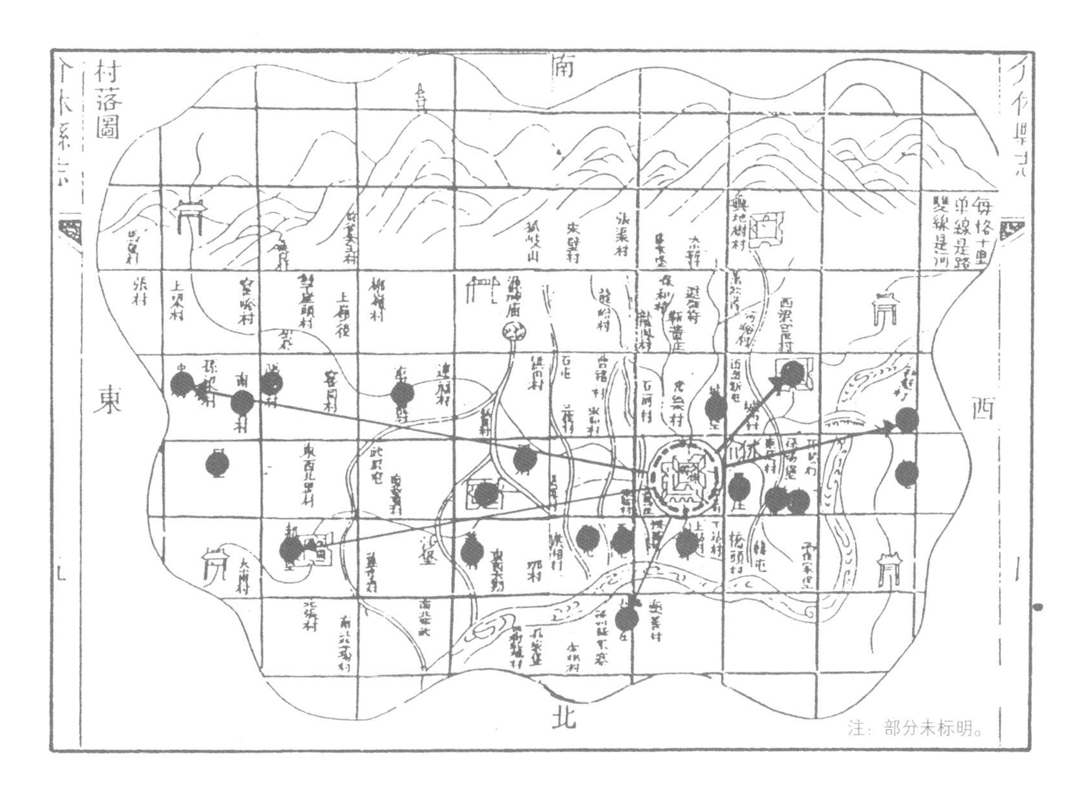

图1–3 介休军事设防村落分布概况图

清代嘉庆年间的《介休县志》详细记载了县域内39个“堡”及9个“寨”，总共48个军事设防村落的名称。而当时介休全县仅有170余个村落，也就是说“堡”与“寨”占村落总数的28.3%，相当于3或4个村落中就有一个是军事设防村落。

张壁的地理位置可用“偏僻”和“险要”两词来形容。所谓“偏僻”，是指张壁为介休版图东南方向上的最后一个村落，位于太行支脉绵山的北麓，位置最为偏僻；所谓“险要”，是指张壁地形险峻，为理想之军事据守之地。张壁三面临沟一面靠山，堡西为深达数十丈的悬崖峭壁；堡东则居高临下，有沟堑阻隔；出堡南门，即可上绵山。在军事上可谓“易守难攻，退避有路”。

据村中老人说，张壁很早以前为废弃的兵营，自村中张姓祖先张能从陕西凤翔迁至此地后，在营中建屋筑舍，辛勤工作，生息繁衍成一个大家族。后来陆续又有靳、贾、王姓人迁至此地生活居住，逐渐发展成一个1000多

图1-4 村落西侧的深谷
经过长年雨水冲刷所形成的深谷，反衬出村落所处地势的险峻。

人的大村落。由于古代常将地形险峻的军营称为“壁”（《古今韵会举要・锡韵》：“壁，军垒，临危谓之壁。”），又因为张姓是村中最大的姓，故将其村名之为“张壁”。现张家第十八代传人张学陶老人仍保留有部分张家家谱，内容较粗。家谱中记载为“元末明初”迁至此地，惜具体年代无法确定。村中其余几个大姓家族的家谱及明清以前的史料皆在20世纪60年代的“文化大革命”中被毁，因而我们无法详细推断张壁的起始时间与发展情况。目前有文字记载的村中建筑的最早建造时间的只有《重修可罕庙碑记》。该碑刊于明天启六年（1626年），碑记曰：“可罕庙创自何代殊不可考，而中梁书延祐元年重建……”，由此可推断出可罕庙至迟在元代延祐元年（1314年）已存在，亦可确定张壁村始建年代的下限。明清两代对张壁的记载稍多，刊于明万历四十一年的《敕建空王行祠碑记》记载村中空王庙建于明万历三十年（1602年）。清嘉庆二十四年刊本的《介休县志》记载：“二郎神庙在郝家

图1-5 空王祠前的琉璃碑（徐庭发 摄）
这座精美的琉璃碑，不仅在张壁历史中有着重要参考价值，而且在研究我国琉璃艺术发展历程中也占有相当重要的地位。

堡东门外，明成化十八年（1482年）建，一在张壁村，一在湛泉村。”村中现存大部分的建筑皆建于明清时代这一事实，也可作为间接佐证。

人们习惯将张壁称作张壁古堡。但是，张壁实际上并不属于堡的范畴，而可能是古代坞壁的遗存。

从广义上讲，堡是用土石等墙体围合人类聚居地以保护人类安全的设防聚居形态。这种形态的特征是用墙体加以围合，材料可是土、石头等。《辞源》：“堡：土筑的小城”；《晋书·苻登载》记：“各聚众五千，据险筑堡以

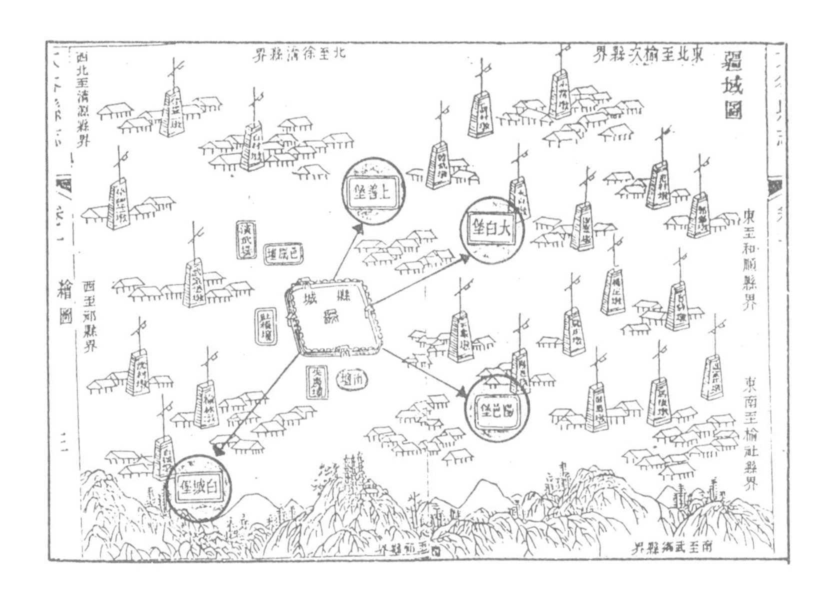

图1-6 太谷周围四堡分布图

清乾隆六十年《太谷县志》在疆域图中详细标明了县城周围四个重要的堡的位置。此图很像一张军事防御布置图，县城、堡及普通村庄均用不同的符号明确加以表示。在图上所标的上善堡、白城堡、大白堡和阳邑堡这四个堡中，除上善堡现已不存外，其余三个堡所在的村落仍可在最新的太谷县地图中找到。

自固。”“堡”本作“保”，《礼记·檀弓下》“遇负杖入保者息”（注：“保，县邑小城”）。堡虽然与城市有相似的外部形态，但与城市相比，它缺少政治、经济和文化方面的性质，而只具备军事和农业方面的性质，只是农业（军事）人口的聚居地。

坞壁，也称坞堡。胡三省解释说：“城小者曰坞，天下兵争，聚以筑坞以自守。”坞壁，就筑城学的观点而言，是一种与城池、堡相同的环形防御工事。但从它们的守卫人员的社会组织的情况来看，堡与坞壁以及城池，在历史发展进程中又有不同的作用。

坞壁大体上有两种不同性质的类型：一种是豪强地主为保护和扩展自己的势力而修建的坞壁，一种是流民群众为自卫求生而修建的坞壁。这些坞壁，具有封建庄园的性质，对历史的发展，起了强化分裂割据势力的消极作用。

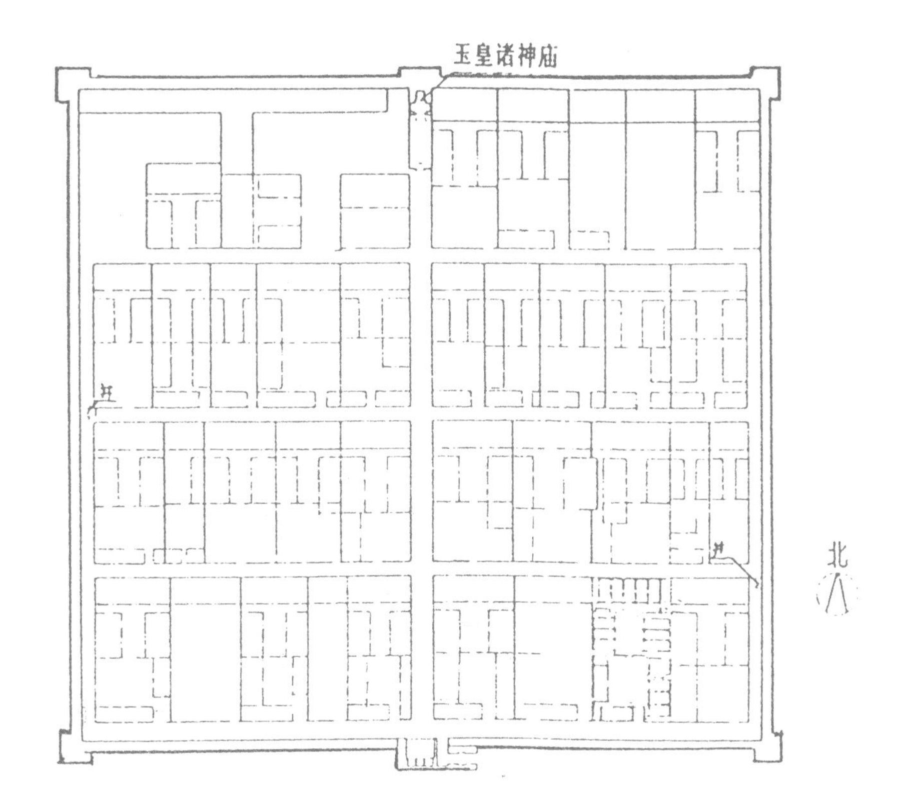

图1–7 平遥和熏堡平面图

和熏堡在平遥古城南十里，周围为平地，无险可设，堡外即为平坦的农田。该堡总体布局规整，南北向主巷，东西两侧各四条支巷，笔直相通，宅院也很方正，显示出在建造时就有明确的总体规划意图。

表面看来，坞壁与堡没有太大的区别，都属于筑有厚墙等防御设施的军事据点，都是农村的基层单位，内部人员主要还是以农民为主。但是，狭义地讲，坞壁与堡又有严格的区别。

坞壁与堡在性质上有着较大的差异。封建社会的堡是各个郡县城池的防御、军事供给据点，是封建社会军事与农耕体系的重要组成部分。而坞壁是豪强地主、流民群众自发修建的民间防御壁垒。堡的武装组织（乡团）在封建统治者的直接或间接控制之中，而坞壁的武装组织则是由豪强地主、流民首领自行掌握的。

从地理位置上来看，堡多分布于平川、交通要道或城池周围。而坞壁多在偏僻或有险可依之处。除实力特别强大的豪强坞壁外，通常设置于不被敌攻或敌人难攻的地方，甚至避开交通要道，筑于深山大谷中。张壁地处远离介休城的深山僻壤中，既不是交通要道旁，周围也没有较大的村落。地方统治者绝不会花力气去在穷乡僻壤中建一座既离自己较远、又无甚战略价值的堡。

从形态上来看，典型的堡多经过规划，外形方正整齐。而坞壁则不然，外形轮廓常随村落的具体情况而定，不一定方正整齐。张壁堡墙为不规则弧形，内部巷道弯弯曲曲，绝不是经过整齐规划而成。据笔者考察，张壁的西边临沟，东边地势较为平缓，弧形堡墙的形成不会是因地势的原因所致。

从具体处理来看，经过严格规划的堡为了节省夯土墙的土方量，一般都不在堡内设置水塘，只是用水井作为饮水源。但张壁内部不仅有多口水井，而且还挖有水塘。

当我们将堡与坞壁作了简单的比较以后，留下的印象是：张壁不是严格意义上的堡，而更多地反映出坞壁的特征。但是为行文方便，我们仍采用一些习惯的说法，如堡门、堡墙等等。

二、完善的军事防御功能

从龙凤村沿着弯曲的山道走近张壁村，最先映入眼帘的是历经多年风雨侵蚀的堡墙。堡墙系整体铺土或夯筑或碾压而成，共有1公里多长，高5-7米，底宽有3米左右，顶部完整处有1米多宽，堡墙内面积有10万平方米左右。目前堡墙虽有局部残破，仍基本保持完整，呈现出一种沧桑古老的韵味。

从堡西南遥望张壁，夯土砌成的堡墙下面是深达数十丈的悬崖峭壁，形势险要。堡墙与沟壁浑然一体，似乎是从沟中生长而出。从张壁村东北坡地观望，二郎庙高大的体形耸立于堡墙之上，其北墙为厚实的实墙，没有窗户，具有较强的防卫性。

张壁的道路结构类似于鱼的骨架，主街南北向，两边分支出七条支巷，西四东三。这种鱼骨似的道路结构不能互相通达，易于防守。共有两座堡门可通村外：南堡门相对简单，但

图2-1 张壁堡墙远眺
远远望去，张壁的堡墙虽不像常见的砖砌城墙那么雄伟壮观，但却展露出一种古朴而厚重的景象。

图2-2 二郎庙仰视

从村外看二郎庙，其高大的体形耸立于堡墙之上，朝北的厚实墙体不开窗户，具有较强的防卫性，同时也可使人留下厚重而朴实的印象。

图2-3 隐蔽的南堡门
别看南堡门其貌不扬，它对于防卫敌人入侵却具有重要的意义。堡门前的关帝庙，既是村落的一种精神防御设施，也有作为堡门的第一道防线的实际意义。

十分隐蔽，需绕过关帝庙，才是厚实、窄小的门洞。北堡门掩映于土崖下，较为壮观。门楼之上为吕祖阁，左侧土崖上，为夯土而成的堡墙，从堡墙上能攻击来犯的敌人，形成攻守兼备的小空间。

北堡门有两道门洞，第一道“德星聚”东西向，第二道“新庆门”呈曲尺形，由东拐向南，两道门之间形成一个类似于瓮城的小空间。“德星聚”的门洞上为吕祖阁，“新庆门”的门洞之上是戏台，瓮城左侧墙上是空王庙。周围构筑物的对比使得瓮城显得狭小、封闭。“新庆门”门道狭窄，长度约有20多米，高3-4米左右。拐过门洞中直角向南，尚存“堡”门门轴与门闩的遗迹。瓮城这种防御形式在战国时就已出现，多用于郡县级别以上的城池中，像张壁这样的小村落中也用瓮城，在全国也较为罕见。

图2-4 北堡门外观

掩映于土崖下的北堡门，系一座砖砌而成的门楼，门楼之上为吕祖阁。左侧土崖上，为夯土而成的堡墙，守卫者可从堡墙上攻击敌人，形成攻守兼备的小空间。

穿过"新庆门"，两侧门洞墙稍稍放开，左右两旁耸立着钟鼓楼。从北至南沿主街前行，脚底为石铺路径，身侧为砖砌高墙，主街空间狭窄，有一种逼迫的感觉。据说以前沿着主街不能开宅门、宅窗，只能开巷门，也是出于防卫的考虑。主街尽端为南堡门，门洞之外为关帝庙。门洞旁为一砖砌坡道，坡道之上立有照壁，旁为罕王庙。从罕王庙即可上堡墙，全堡情形尽收眼底。

除了比较完善的地面防卫设施之外，张壁村近年又在村中发掘出蜿蜒曲折的古代军事地道。这地道的开掘时间、形成过程及原始意图为何？由于缺乏史料佐证，现在还是一个未知数。经过多年的地震塌陷和雨水淤塞，地道的全貌已难知晓。

图2-5 封闭的北堡门瓮城空间（徐庭发 摄）/对面页

北堡门有两道门洞，第一道"德星聚"东西向，第二道"新庆门"呈曲尺形，由东拐向南，两道门之间形成一个类似于瓮城的小空间。这个小空间在周围建筑的对比衬托下显得更加狭小而封闭，其军事防卫意义也显得更加突出。

图2-6 张壁的主街/前页
这条南高北低的石径，并没有因为封闭高墙的逼迫而放弃它在村落生活中的主导地位。

根据设置在众多民宅之内的地道入口以及村中老人的回忆来推断，张壁村的地道系统非常庞大，在许多村民的老房中都发现有地道出入口。同时，在村外沟中也发现了许多出口，有的设于峭壁之上，很难察觉。目前在村南已清理出总长度约1000米的一段地道，可供游人参观。

与国内其他地区常见的地道有所区别的是，在张壁村南挖掘出的地道，共分上中下3层，立体纵横交错，最上一层距地面不足2米，最下一层距地面20米，有联系通道将上中下3层互相贯通。地道的内部设施也很齐全。上中下3层之间有观察孔可通话、观望，上层地道有直通地面的通气孔，通气孔用烟囱伪装。地道每隔一段距离，有存放油灯的小坑，还有大小不等的猫耳洞，小可容2~3人，大可容20~30人，军事专家称为“伏击窑”。地道内拐弯处还有迷魂道，引导敌人通向陷阱。地道内设有粮仓，还有三处马厩和土槽，可存马匹。地道与十口深水井相沟通，汲水方便。在通向沟中的出口处，倚崖建有三孔大窑洞，传为军事长官的指挥窑。

图2-7 通往罕王庙的坡道（徐庭发 摄）/对面页
长长的坡道，将世俗的生活与宗教的信仰紧紧地联系在一起。

图2-8 从军王庙看全堡景致
巷道、古树、人家，袅袅的炊烟中呈现出一幅恬淡宁静的乡村生活画卷。

据军事专家称：张壁的古地道属于"守备叠筑"式的军事战术设施，其S形走向、立体网状体系、明堡暗道式结构等特点，在国内尚属孤例。

中国传统聚落的设防有着严格的层次性，大到封建帝王所住的城市，小到普通老百姓居住的村落，都是如此。北京城的规划是以宫城为中心，形成城中之城的防护体系，由三道城墙构成三级防御工事，即外城—皇城—紫禁城，封建帝王处于防守的最安全位置。张壁虽不是城中之城的格局，但其防守层次亦以线性展开：堡门—巷门—次巷门—宅门—地道，空间层次的转换与军事防御体系的组成合二为一。

张壁村内共有南北两处堡门、五处巷门，现存巷门全部分布在村落的西边，村西边以前住的皆是富户人家。堡门、部分巷门旁建有门

图2-9 设于悬崖上的古地道出口/上图

如不注意观察，一般人很难发现设在村外深沟峭壁之上的地道洞口，它的用途自然无需多说。

图2-10 张壁古地道内景/下图

在纵横交错的地道中行走，必须特别注意，稍不留神就会迷失方向。

房，门房供看门人守门用，这与唐朝里坊制度为夜禁而设的门房极为相似。由外围堡墙与堡门构成第一级防护体系，全村村民处于第一级防护体系的保护之中；村西以前是富户人家居住的地方，修有多处巷门，由巷门与巷墙构成了第二级防护体系，富户人家处于第二级防护体系的保护之中；在第二级防护体系中又有次一级巷门，构成第三级防护体系；墙体围合的住宅院落则是第四级防护体系；如果说地上部分形成四道防守层次，通往住户内部的地道则是第五级防护体系，从地道中可转移到村外沟中、田野里。

图2-11 南堡门门房

这座简朴的门房，与唐朝里坊制度为夜禁而设的门房之间，是否有着很深的渊源关系呢？

三、典型的山地形态

图3-1 张壁周围的山村景色
张壁地处由高山向盆地过渡的丘陵地带，沿绵山北麓逐渐展开的起伏的丘陵、平整的梯田、幽深的沟谷，与山下盆地的绿色农田共同构成了优美的山地田园景象。

张壁呈“依塬傍沟”之势，有良好的天然屏障，亦形成张壁村典型的山村风光。沿绵山北麓逐渐展开的起伏的丘陵、平整的梯田、幽深的沟谷，与山下盆地的绿色农田共同构成了绿色的海洋。这种由地形起伏而表现出的秩序，透过张壁所处自然环境展现出来。

与特定的地理环境相适应，张壁的建筑群表现出典型的山地形态。村中南北高差甚大，依据地形张壁的建筑为从南到北呈逐级递降的趋势，空间布局错落有致。又由于张壁以南北主街为中轴线，从东西两侧向中间地势由高到低的高差变化，亦使得建筑群的山地形态更为明确。

从农业生产观念来看，张壁并非是理想生活聚居之地，南高北低的地形条件与“山起西北，水聚东南”的良好风水意象正好相反。另外，张壁又地处山区，并非天然良田。然而，

图3-2 北门附近的水塘遗迹

这里原有一暗泉，为张壁村早期饮用水的主要水源，村中老人称其为“圣水”，是全村风水的聚集地。后来泉水干旱枯竭，水塘边的热闹景象也就只能残存在老人们的记忆里了。

图3-3 村外的灌溉沟渠
这些顺应地势高差而修建的沟渠，将绵山流来的溪水源源不断地引入张壁村周围的农田之中，堪称乡村生活的命脉。

既然张姓人移居此地是为了躲避战乱，那么也只有面对现实，自己来创造理想生活环境。由于史料不全，我们无法了解张姓人家如何完成对环境的整治和村落营建的全过程，只能在现有的形态中略作分析、推断。

张壁村所处位置为丘陵区，南向的山坡上有绵山延伸过来的山地，较为开阔，便于开垦。农田灌溉除了依靠绵山流来的山水以外，西侧沟中泉水汇聚成塘，亦可就近浇地。张壁村民经过几百年的努力对贫瘠的土地进行改造，并兴修了抗旱排洪的水利设施，使这片黄土地终于能够有能力来供养这个大村落。

乡土聚落无不以水为命脉，一是发展农业生产灌溉，需要泄水排涝；二是需要生活用水。张壁村原北门附近广场水塘中有一暗泉，为早期饮用水的主要水源，后来泉水干旱枯竭，水塘废弃不用。村中老人称其为“圣水”，是全村风水的聚集地。更有神话传说：水塘中有一金蛙，后被人捉去，上天惩罚，从此泉水干涸。随着在村中聚居人数增多，全村陆陆续续挖了许多水井。张壁人供水井如庙堂，为之修建井房，井房中供奉井神。20世纪90年代初，村中人共同努力，修建了通往家家户户的自来水，彻底解决了张壁村民的饮用水问题。

图3-4 主街的石板路

主街的石板路，在当初铺设时就考虑到排水的需要，呈中央高两侧低的剖面形式，既有利于排水，也给行人带来了方便。

张壁村的农业灌溉用水多为地表水。张姓人迁至此地，首要的任务是兴修水利。经过几百年的努力，张壁周围形成了比较完善的沟渠，顺应地势自然高差，引来绵山流下的溪水，灌溉着周围的田地。

防洪排涝是古代村落营建的重要组成部分。张壁的地势南高北低，西边、北边、东边为沟谷。若逢雨水较多时，南下的山水沿沟谷排泄出去，使村中不受洪水之害。村中地表排水可谓用心良若，村中地形为一簸箕形，南高北低，主街两旁的地势向西、向东自然升高，村中排水沿两旁支巷汇入主巷，流入村中地势最低处水塘中，雨水过多则过北门流出村外沟谷中。张壁人在理水的同时又认真地考虑水土的保持。乍一看张壁，西边紧靠崖壁，似乎应将水排入其中。由于崖壁为土质，若过多排水则会引起崖壁坍塌，影响村落的安危。而将村中地表水有组织地排放，既有利于防止水土流失，也带有“风水”观念上的考虑。

如前所述，张壁村北堡门由两道门组成：“新庆门”与“德星聚”，并围合成一小瓮城。从防守角度看，瓮城能在战争中延缓敌人进攻速度，有效地阻击敌人，这似乎是对营建瓮城的最合理解释。

然而从记载张壁瓮城形成过程的碑记中可以看出，瓮城之设并非全出于防守之意，亦有“风水”观念的影响。乾隆十一年《本村重建二郎庙碑记》曰：“闻之堪舆家谓张壁村址坐县南，去绵山不远，其接摩斯顶之脉者较他村为甚近。惜乎堡中形势南高北低，风水之自山来者，易泄难留，藉非北门外瓮圆中二郎庙为之屏蔽，其何以收风水而成富庶之乡哉。倘此庙再高数仞，则藏风饮气而兴发，是村者当更不知其何如盛也。所以乡之人久有革故鼎新之志而未及举行。忽数年前而阖村公议增修改作崇高殿宇……不经久而阙工告竣，旧殿改砌砖窑五眼，窑上新盖正殿三楹，祀以二郎尊神。又于对面起丁字门以通村路……”，可见营建曲尺形门洞与瓮城是自然形成，从风水观念来说亦是藏风聚气之锁钥。“二郎神”是中国神话传说中的武将，在村口建“二郎庙”的目的，一则是出于精神防御的心理；二则村口是全村的气口，建二郎庙亦是为了镇住气口，藏风聚气。与二郎庙（即北庙）遥相呼应，在南堡门前还建有关帝庙，其营建目的亦是军事

图3-5 水口的照壁

张壁的水口在村北一里路之外，在这里建造照壁的动机，只有用风水的“藏风聚气”之说来解释最为贴切。

防御与风水经营并重，即除了借助关公的神力使村落获得精神上的保护以外，还希望“北庙与南庙互相掩映，而风水之自山来者，不将愈为屏蔽而成一方之重镇哉……而不复惜其形势之南高北低也……”（《本村重建二郎庙碑记》）。

与对气口的重视相对应，风水的观念，同时也表现在对水口的经营上。水口也可以看作是控制全村财源的最主要关口，如不加以特殊处理，则全村财源将难以敛聚。张壁人在其水口处设立照壁，可谓一种简洁有效的举措。

四、聚族而居的空间布局

中国聚落形成有两种方式。一种是“由外到内”的方式：这种形成方式并不需要一个由无到有的成长过程，而是基于政治或军事的需要，有计划地加以建造。这种方式更多的是外部力量尤其是统治阶级的主观理念的结果，强调特殊与一般、主要与次要、中心与边界的辨证美学观，借以构成明确的轴线与整齐的秩序等等。例如北京城规划以宫城为中心，以南北向为中轴的布局观念。最中心的显赫位置构筑宏伟宫殿，周围则以低矮的普通民房相衬映，衬托出封建帝王的权威。另一种是“由内到外”的方式：由一个住户发展成众多的住户，聚落形态并未经过严格的规划，呈现一种自由蔓延的趋势。这种方式多出现在外部力量或正统意识较少干预之处，如数量众多的自然村镇等。尤其是在南方传统聚落中，宗法血缘关系决定着全村建筑的营建过程，每个房派成员的住宅建在本房派宗祠的两侧，形成以宗祠为核心的图块。房派到后代分支时，再在外围建筑

图4-1 浙江新叶村总体布局示意图

村落的总体布局就像不断生长的细胞群，通过房派成员的住宅、宗祠之间的关系，形象地体现了血缘性、礼俗性与等级性的特征。

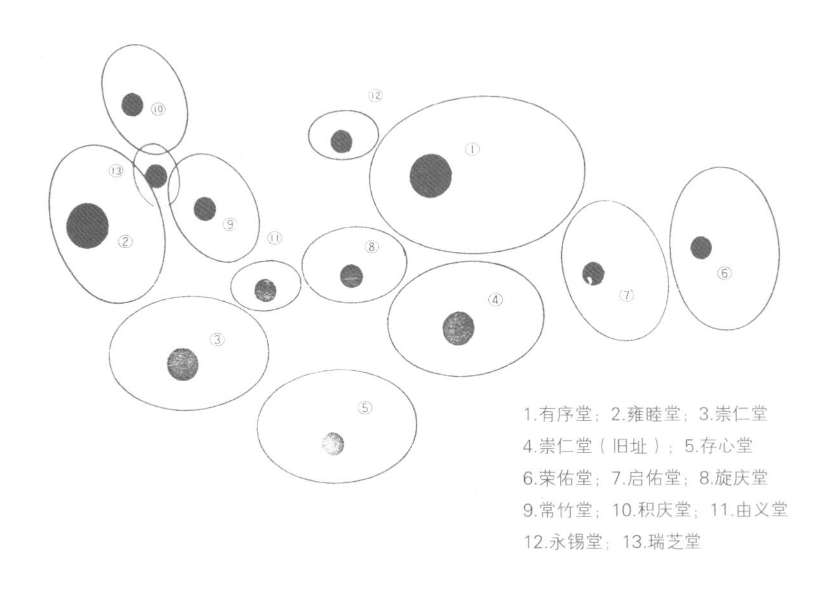

图4-2 兴隆寺复原平面图

过去曾经香火兴旺的兴隆寺，现在已改建为小学。它的原有格局只能根据幸存于寺中的一块残缺石碑上所记载的只言片语来加以推断了。

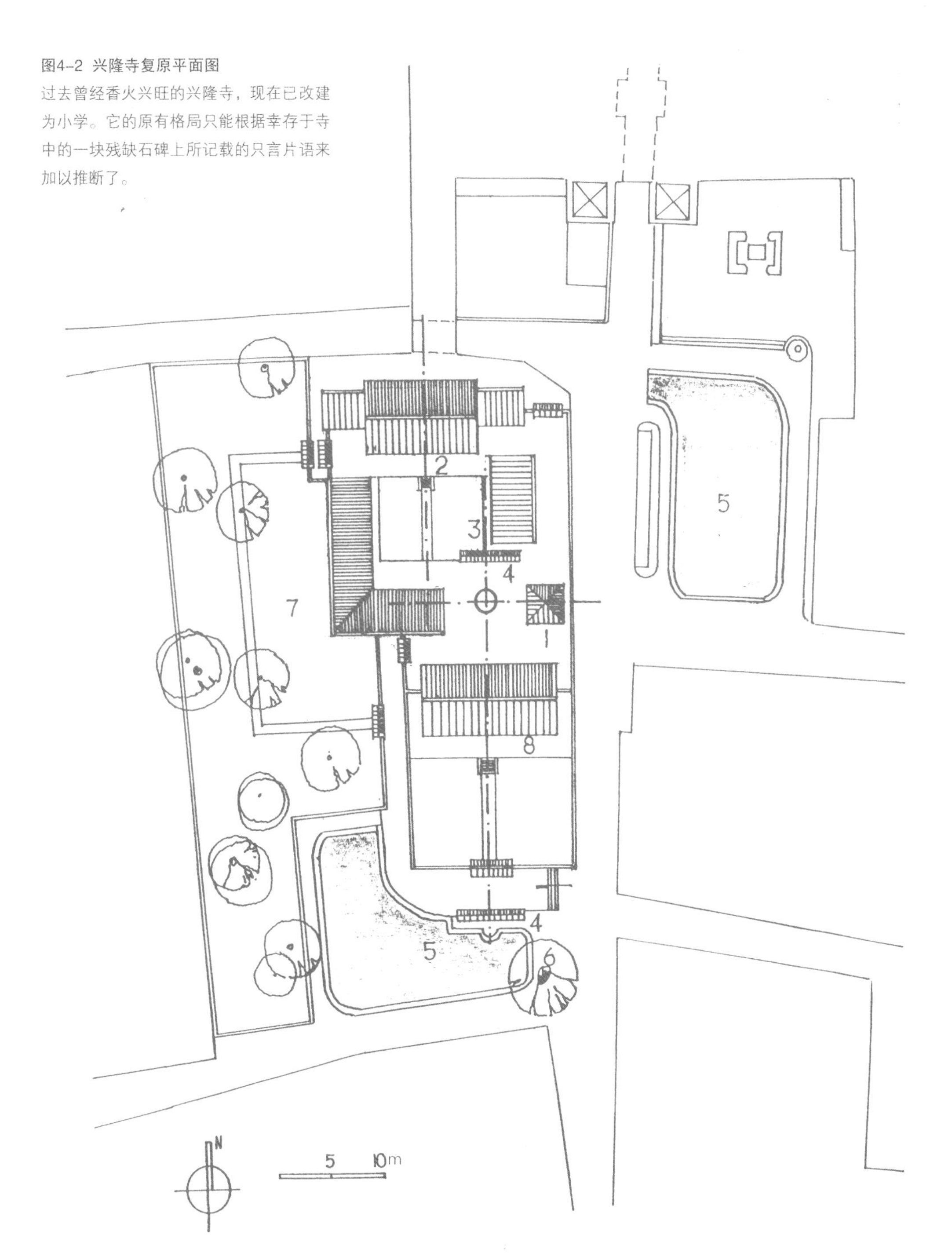

1.钟楼；2.正殿；3.厢房；4.照壁；5.水潭；6.槐抱柳；7.石槐园；8.山门

更低一层的宗祠，它两侧是本派成员的住宅，总体布局像不断生长的细胞群，如浙江新叶村就是如此。村落空间布局上的有主有次，形象地体现了血缘性、礼俗性与等级性的特征。这两种方式反映出一种社会发展的轨迹，这种发展是自由向秩序的发展，是从以血缘关系为主的家庭社会向阶级社会的发展。

张壁正是“由内到外”发展的结果，其空间布局就是聚族而居生活模式的直接反映。

一般说来，像张壁这种由多个家族聚居而成的聚落形态，很容易出现各自为政的散漫局面；而主要以同一家族的不同分支组合而成的聚落形态则常有呆板单调的弊病。然而，不知是由于宽容忠厚的本性所致，还是其先辈们早有默契在前，张壁村内部“丰”字形街巷格局与堡墙相结合，以原兴隆寺与张家祠堂为中心，形成一条南北向的中轴线，进而在中轴线两侧布置次要街巷，通过这种有主有次的建筑群体来表现出南北向主轴与东西向次轴的对比形态。同时又在南北向主轴中布置了所有的重要建筑，如关帝庙、二郎庙、空王庙、钟鼓楼等，构成了村落空间的中心领域，体现出强烈的秩序感。也正是这种秩序感将分布在村落中的几个聚族而居的空间领域串联成一个整体，形成一个既有独立性又有整体性复合空间形态。

虽然张壁村的建筑群体中所反映的宗法血缘关系并不像南方传统村落那么明显，但这正

图4-3 贾家巷巷门

尽管贾家迁到张壁的时间不是最早，但这一家族的发展可谓青出于蓝而胜于蓝。这条曾经辉煌过的巷道，就是贾家兴衰的最好见证。

是北方传统村落以街巷布局的体现。在这里，宗法血缘关系在村落营建中的体现不以点状形式散开，而是以线状关系展开。从南北向主街分支出的小巷多以姓氏命名，如贾家巷、张家巷、王家巷等，这些小巷以前住的是同一个宗族的成员。正是这些以宗法血缘关系为纽带所形成的线状次轴，有力地烘托出主轴所表现的控制作用，使整个建筑群体在空间关系上显得主次分明，秩序井然。

由于基地起伏较大的山地形态，其堡墙的自由曲线形式，又体现了“由内到外”的成长思想。地处山地的张壁的这种是线但非直线的街巷以及由堡墙围合的曲线外形，与地处平原的平遥县和熏堡的规则形态形成了鲜明的对比。

五、精神和娱乐中心

图5-1 古老的井房
水井，既是日常生活的支柱，也是邻里交往的中心。汲水的间隙，聊聊家长里短，听听小道新闻，对于常年居住在黄土坡上的村民来说，也是一个难得的享受。

图5-2 张家祠堂遗址/对面页
中国封建社会的宗法制度，在乡村里常常是通过祠堂来加以贯彻的。因此在族人心目中，祠堂的地位是至高无上的。

水井是古代民居聚落的重要标志，水是人类维持生命的必需品。仔细分析张壁村的平面，张壁村的水井位置多在巷道曲折之处，并放大为一较为开放的空间。它们均匀地分布于全村，是全村人的生命之源。全村风水的最后聚集地则挖土成塘，塘周围空间扩大，形成一小型广场。水是生命之本，人们的生活离不开水，井台、水边为村民使用频率最高之处，在这些地段所形成的公共空间自然成为张壁村民进行日常交往活动的中心。

如果说水塘是村落的主核，那么由八口水井形成的节点空间则是张壁空间的次核，这些以水为中心的多个空间共同构成了张壁村的多核心空间结构，形成整体与局部的主从关系。

这种多核心空间结构实际上又是张壁村

的公共中心。由巷道而联系起来的公共中心使张壁的空间表现出很强的层次感、序列感。张壁村的内部空间序列主要展现为村周、村边、村中、居住区四个层次，而这些层次又以街道、中心点、小巷、节点等连续性的实物标志物或空间出现，具有起、承、转、合的韵律效果。

这些公共中心也是村民的精神和娱乐中心。

张壁是由张姓人在此聚居而得名，张家祠堂建于水塘前，是村中风水聚集地，以前建有祠堂，反映出村民之间的血缘关系。这里也就自然而然地成为村民的精神寄托之所。

图5-3 槐抱柳
不知道是村民的有意栽培，还是大自然的无心造就，槐树与柳树的亲密缠绵，无形中也增加了村落的凝聚力。

图5-4 钟鼓楼(徐庭发 摄)/对面页
在张壁这座集庙宇与民居于一身的村落中，晨钟暮鼓已不再是寺院的专利。日复一日回荡在山乡中的钟声和鼓声，似乎带有更多的世俗的韵味。相对于已经坍塌的鼓楼来说，钟楼的命运实在要好得多。

在水塘、祠堂附近的兴隆寺尽管已经毁坏，但在村民的心目中，它仍然是张壁村的神圣之地。驱使人们崇信菩萨的主要动机，除了对来世的企盼之外，更多的还是对现实生活的难以把握。因此，村民们除在规定时间举行佛教活动外，平时遇有灾病也要随时祭祀。除此之外，举行佛教活动的同时，也给村民提供了一个特殊的聚会或者说是狂欢的机会，这也许就是人们对庙会总是怀有一股向往之情的原因之一。

“槐抱柳”是张壁村的一大骄傲。村中广场附近的槐树与柳树相倚相偎、缠绕环抱，为淳朴的村落环境增添了些许浪漫气息。大树下是村民的公共起居室，他们在这里休息娱乐、交流信息、联络感情。正是这种精神的愉悦穿插于平凡单调的劳动生活中，构成了乡村社会的特有生活节奏。

屹立在广场附近的钟鼓楼，不仅仅只是为满足宗教要求而建造的，它们还有别的重要用途。遇有需要集体商议家族或村内大事的场

图5-5 享受着休闲时光的张壁人

三三两两，或蹲或坐，或倚或靠，男人抽烟喝酒，女人缝衣绱鞋，劳作之余的张壁人显得无比的轻松、惬意。

合，或是出现敌军袭击的紧急情况，均以击鼓或鸣钟为号。集会或出征动员的场所，理所当然就在村落的公共中心。从这个角度来说，将公共中心喻为村落的灵魂是恰如其分的。

不知道有多少个黎明和黄昏，也不知道有多少个日日夜夜，一代又一代的张壁人就是在这里，用自己的心血去编织着无数个美丽的梦幻。即使是在电视和其他娱乐手段已经相当普及的今天，人们也难以割舍对它的依念。在广场、街边、井旁，那些或蹲或站的身影，那些或哼或唱的声音，就是一个最好的证明。

六、诱人的巷道构成

图6-1 小巷景色
这里的小巷不像北京的胡同那样规整，也不像江南的小巷那样深邃，但却蕴含着一种自由、活泼的山野气息。

张壁村的巷道有主巷、次巷、端巷（或死巷，亦即死胡同），有长有短，曲曲折折，既自然又理性，优美而富有内涵。在具体处理时，也有若干讲究：凡大门均躲开巷道之口，避开冲巷之处不仅着眼于避开喧闹的巷道，而且有引入圣吉的希冀。风水认为大门为气口，除应位于本宅的吉方以外尚要避风迎吉，方能导吉气入宅。按“盖以街巷风水论”则宅前不宜有大水直冲，因此，院门前不宜是街口。

然而，由于地形地貌的限制，并不是所有的院门都能布置在理想的位置的。一旦院门很难躲开巷道冲口，就要想方设法地加以禳解。在张壁用得最多的禳解方法，就是对着巷道冲口设立照壁或屏幕墙，在其两侧开院门，借以

图6-2 照壁特写

照壁的意义并不仅仅是遮挡视线，而是村民在日常生活中希望福气临门，遇事呈祥的直观体现。

图6-3 某宅院门

这里的院门虽然不算豪华气派，但在这座小小的村落中也不是普通人所能够拥有的。

达到避凶的目的，这就是所谓的门以“偏正为第一法”。这种措施在性质上虽然有比较明显的迷信色彩，但实际上也可借助视线的阻隔，满足居住空间的私密性要求，同时还可获得曲折转换、深邃幽静的空间效果。

除了院门要躲开巷道冲口以外，各户的院门也无一相对，而是相互错开。门不相对使各户互不干扰，达到视线隐蔽，这是一种寻求保持私密性和宁静的有效手段，也是村民在日常生活中希望减弱碰撞的心态的直观体现。

张壁村的巷道无论主巷、次巷或再次巷均少有笔直，这主要是由于其山地地形所致。从实际情况来看，这些巷道通过曲折、宽窄等变化给人以丰富多彩的方向感与导向性。同时，与院门要躲开巷口的观念相似，或许是出于风水或防御的考虑，这里不像城市的里弄或胡同那样有巷与巷直对的情况，而是相互间错开或呈“丁”字形结构。即使如此，在这些巷与巷的相交处也要采取一些禳解措施，因此在巷道冲对的墙上大多设有照壁或嵌有一方“泰山石敢当”，它们以其明显的标志效果而使巷道空间具有强烈的识别性与记忆性。

巷门的存在，不免令人联想起古代城市的里坊制度。里坊，也就是我们现在所说的城市居民区，四面设有坊墙，中间辟门，即坊门，或者叫做“闾”。坊里的居民若是在道德上或功名上有值得表彰之处，官府就会在坊门或门柱上悬牌表彰，也就是所谓的“表闾”。随着

图6–4 主街上的“泰山石敢当”

利用文字赋予心理暗示，从而获得精神上的慰藉，正是“泰山石敢当”的意义所在。当然，它在形式上的引人注目，也是构成空间视觉焦点的重要手段之一。

图6-5 永春巷巷门
岁月的流逝，在永春巷的巷门上留下了深刻的标记。那残破的屋顶、坍塌的墙垣，非但没有损害它在村民心目中的高大形象，反而增添了几分沧桑感。

图6-6 户家园巷门

户家园巷门的顶部不是通常所见的屋面，而是供人行走的通道。原来我们现在所提倡的立体交通的方式，前人早就采用了。

坊墙的逐渐消失，真正的坊门已不常见了，只剩下其演变形式“牌坊”。然而在张壁，从那些形式不一的巷门的残破形象上，我们也许还能追寻到坊门的一些影子。

在张壁的巷门中，比较特殊的要算是户家园的巷门了，它不仅下面可供人通行，顶上也是一条通道，与现代都市中常见的人行过街天桥可谓异曲同工，说明它除了防卫和标志作用以外，还兼有交通联系的作用。

此外，巷道两侧各户的门楼、上马石、拴马桩、拴马环以及巷道拐弯处的抹角处理等

图6-7 巷道抹角特写
张壁的巷道拐角处，不像其他地方常见的那样见棱见角，而是在靠近地面部分进行特殊的处理，使得道路的转弯处留有较大的空间，既便于车辆行驶，也可减少车辆对拐弯处墙角的撞击。这种做法堪称与人方便、与己有利。

等，也都是人们乐于精心处理的对象。它们各自所具有的鲜明的个性特征，与曲折蜿蜒的街巷共同构成了典型的山地街巷景观。

七、民居的格局

张壁的民居多为清代建造，尚未发现明代的建筑。村中民居的情况是分布在村西的比分布在村东的质量高，保存状况也比较好。究其历史的原因是清代中期张壁村的西边出了许多商人，经商赚了钱后，盖了许多质量上乘、装饰华丽的四合院。如现在保存最好的四座院落：户家园、霍宅、侯宅和梁宅都在村西。其余的四合院皆有不同程度的毁坏，院落空间已不完整。

张壁的四合院落空间体现了典型的晋中山地院落特色，主要有三种形式：串联式、并联式和混合式。串联式如梁宅，沿轴向空间纵向扩展成为两进院落，通过层层递进造成一种庭院深深的效果；并联式如嘉会堂，由两进院落横向组合而成：混合式如户家园住宅，东侧院落为一串联式，西侧院为全宅的主院，面积宽大，与东侧院横向并联。

等级秩序在户家园中有充分的体现，东侧院为杂务用房，入口处左侧为门房，右侧为仆人用房，直通街巷，仆人不允许从正门进入。入口院落前方是轿厅，轿厅后为牲畜用房，西侧的大院子才是全家人的生活院落。

张壁的院落空间与普通四合院相比，具有空间狭窄、内向、外观封闭等特征。由于厢房多为两层，一般为楼下住人，上层存放杂物，有些厢房也饲养牲畜，造成的空间感觉较为局促；另一个原因是地形不平坦或不规整，基地本身受限制较多；门的曲折设置也是造成

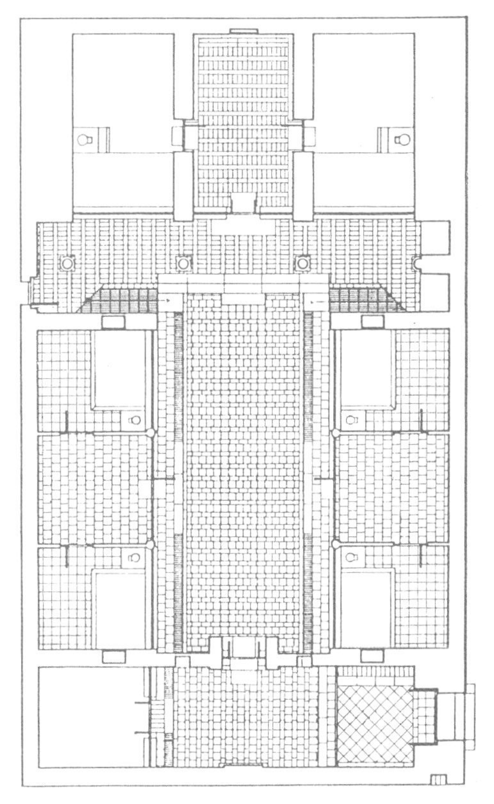

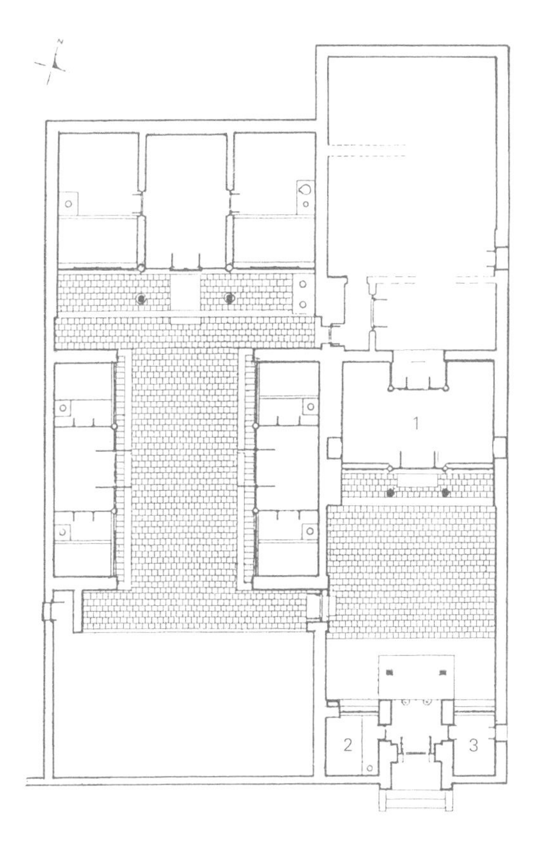

1.轿厅；2.门房；3.下人入口

图7–1 梁宅一层平面/左图

梁宅是串联式平面布局的典型代表，其整体空间沿轴向纵向扩展成为两进院落，通过层层递进造成一种庭院深深的效果。

图7–2 户家园一层平面/右图

混合式的平面布局形式则以户家园住宅最为典型，其东侧院落为串联式，西侧院落为并联式，在纵横两个轴线上，形成三个院落空间，各有不同的功能。

空间不开阔的一个主要原因。很多混合形的院落皆将空间划分成长方形，其空间的序列是从街巷过宅门到院落，再进入室内。室外空间与室内空间相呼应，形成大小、长短、明暗、闭敞、分合之变化。这种处理方式，有利于加强家庭成员彼此之间心理上的依靠感、稳定感和安全感。

在张壁，对于住宅空间本身的隐蔽性的考虑亦体现出高超的构思技巧。其中以侯宅最为典型：从外部看，这座宅院与其他的宅院无甚区别，左右两厢，正房为带披檐柱廊的三开间锢窑。进入正房，室内仍是一明两暗的常规布局，但左边卧室后墙上设一排壁柜，靠后墙角一个壁柜是伪装起来的门，打开壁柜的两扇门，则可通往后部的另外三间窑室，平时这三间窑设有火炕，可供贮存粮食、杂物，并有单独与外部相通的出入口。遇有不测则可躲进匿藏，具有较强的隐蔽性。

图7-3 某宅院落一瞥/前页
在厢房的簇拥下，正房的统率作用显得分外突出。

图7-4 户家园轿厅
等级秩序在户家园住宅中有充分的体现，入口处左侧为门房，右侧为仆人用房，直通街巷，仆人不允许从正门进入。入口院落前方是轿厅，轿厅后为牲畜用房，西侧的大院子才是全家人的生活院落。

图7-5 从宅门到院落之间的过渡空间

比较讲究的人家，通常将宅门设置在院落的一侧，亦即在街巷与院落之间形成一个过渡空间，使公共性与私密性的碰撞得以有效减弱。

图7-6 侯宅剖面图

这座宅院最令人感兴趣的是它在左边卧室后墙上设有一排壁柜，但靠后墙角一个壁柜是伪装起来的门，打开壁柜的两扇门，则可通往后部的另外三间窑室，平时这三间窑设有火炕，可供贮存粮食、杂物，并有单独与外部相通的出入口。遇有不测则可躲进匿藏，具有较强的隐蔽性。

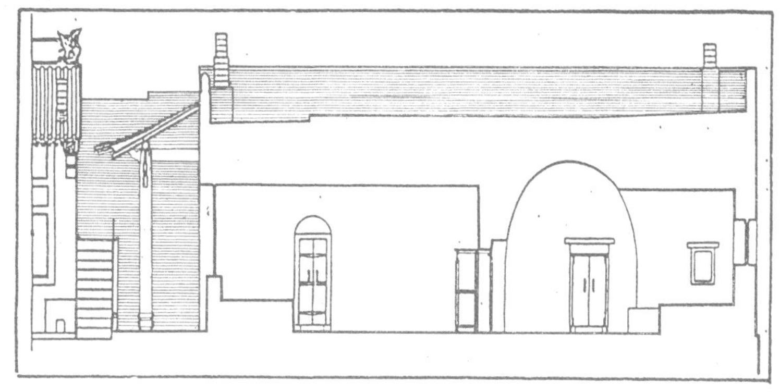

图7-7 民居厚重的外观/后页

高大密实的外墙，将院落内外严格地区别为私密与公共两个性质完全不同的区域，同时也具有极好的防御性能，这也是在兵荒马乱的年代中的一种无奈而有效的措施。

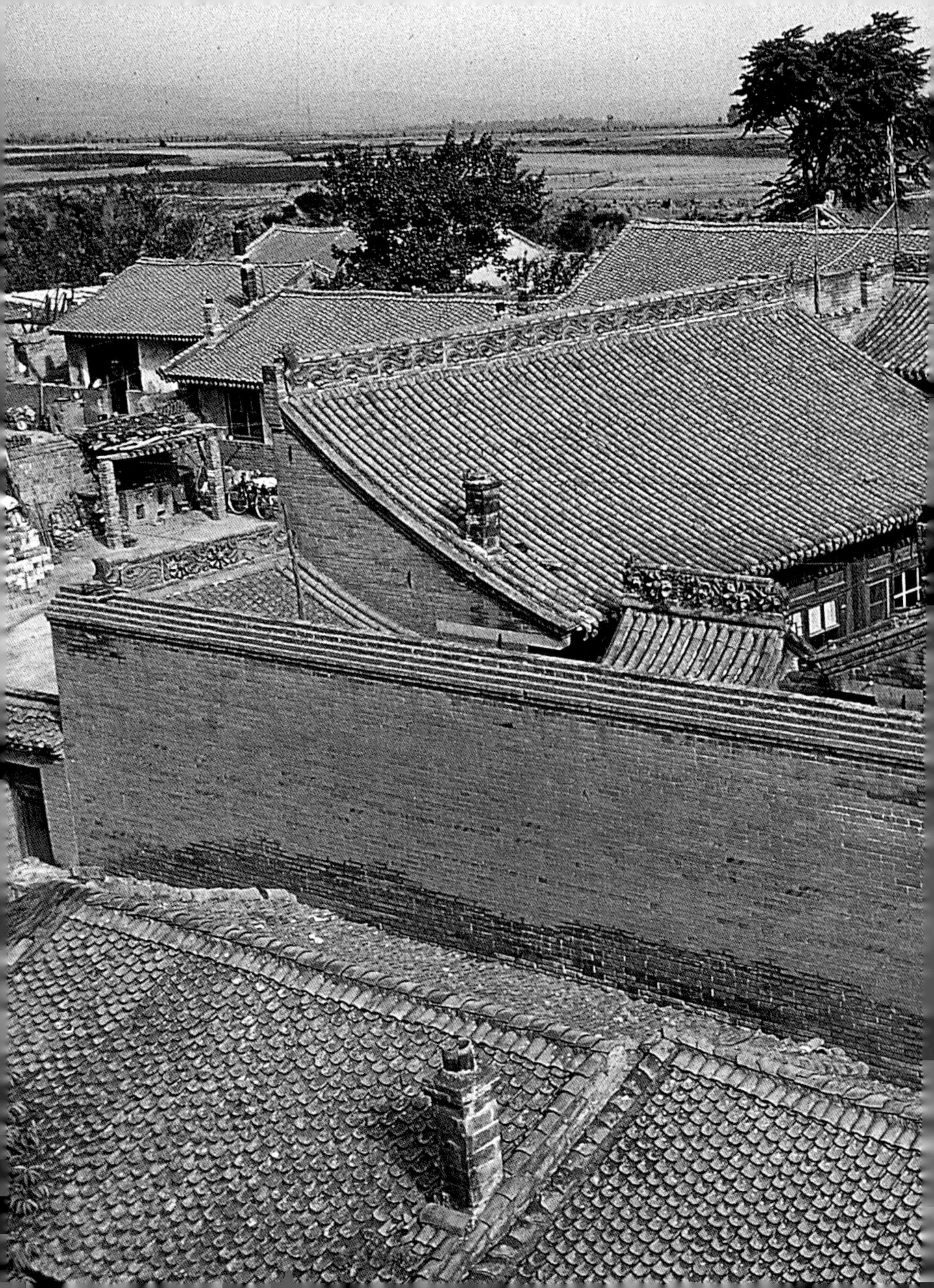

图7-8 崖穴居外观/上图

崖穴居的基本构成方式是利用现成的沟坎或人为将山坡垂直削平，面向内掏挖洞室，因此在外观上常常与大地融为一体。这座崖穴居的顶部草木葱郁，颇有些“绿色建筑”的神韵。

图7-9 锢窑外观/下图

锢窑在外观上与普通木构建筑差别不大，只是以拱券结顶，类似于中国古代建筑中的无梁殿的建筑形式。

图7-10 某宅的木构门楼/上图

少数大户人家，采用木构建筑的形式来建造门楼，多多少少带有炫耀财力的成分。

图7-11 某宅楼梯下部空间的利用/下图

由于大多数锢窑的屋顶均可加以利用，因此通往屋顶的楼梯就成为一种必需的设置。但若处理不好，则有可能造成空间的浪费。张壁人在这方面动了很多脑筋，有的将其作为灶台，有的将其作为贮藏空间，可以说真正做到了物尽其用。

图7-12 木雕特写
这里的木雕虽说不上有多么精致，但却带有一种质朴的山野气息。

凡保存较好的传统民居，外墙皆较高，砌砖密实，施工质量非常高，墙面无凸出物，不开窗或开小窗，屋面均向内落坡，难以攀登，从院落外部看，如同一小城堡般，防御性能极好，这也是张壁民居的特点之一。

虽然四合院是张壁的主要居住形式，但不能代表张壁的全部民居。由于张壁是典型的山地地形，亦有很多在土崖上挖的窑洞，人称崖穴居，其基本构成方式是在不破坏原有地形地貌的前提下掏挖出平面呈方形的洞室，再利用木料的支撑构成椭圆拱形的窑顶，主要立面则需略加修整，并用砖砌出大门及窗户。

还有一种土窑，它的构造与崖穴居大致相同，不同处是将其上部和后部多余的土挖去，外观上对原有地形地貌的影响较大。

随着经济状况的改善，普通的崖穴居和土窑已经难以满足人们的居住要求了。明清时代

图7-13 墀头砖雕特写

墀头也算得上住宅里比较引人注目的元素，因此稍具实力的家庭都要在这里花些装饰功夫，而砖雕的精细与否也常常与主人富有程度有关。

图7-14 拴马桩特写
其实拴马桩的原始功能极其简单，一旦经过艺术加工之后，它就从一种普通的工具演变为具有精神意义的标志。

图7-15 柱础雕刻特写/上图

从对柱础的雕刻处理上，就可以看出这座建筑的重要性如何。

图7-16 某宅踏垛石雕图案/下图

石雕图案的选择，其实是主人心态的直观反映。

图7-17 供奉于家中的祖先牌位
张壁人对于祖先牌位的供奉也相当讲究，在制作上虽然有简有繁，但在位置的选择上却是丝毫不敢大意的。

图7-18 某宅的土地爷神龛/对面页
居住在大城市中的人们，可能很难想象类似土地爷之类的民间神祇在乡村百姓心目中所占有的重要地位。

出现了大量用砖、在平地建造的锢窑。所谓锢窑也就是指无论是墙体还是上部拱券均用砖砌筑而成的窑洞，类似于中国古代建筑中的无梁殿的建筑形式。

当然，少数大户人家和庙宇等公共建筑也采用了坡顶木瓦房的形式，因其需要较多的木料作梁架，非有相当财力难以承受。

这四种建筑形式反映了不同时代的技术特点，也反映了村民的不同财力。较为低级的崖穴居、土窑多为早期的技术，常为穷困人家所采用。锢窑则灵活应用了拱券技术，具有重力分散而减少承重结构的特点，亦可增加使用空间，是黄土高原窑洞民居的一大特色。拱券技术在张壁民居中有广泛应用，典型者如某宅正房两侧的楼梯：楼梯下挖有一大的四分之一圆拱和小的二分之一圆拱，砖砌而成，受力性能合理，亦节省材料，增加使用空间。

土地祠
土能生万物

图7-19 设于住宅入口转折处的神龛
神龛的位置有着许多讲究。设置在住宅入口转折处墙壁上的这个神龛，除去它的精神意义之外，同时也具有引导空间转换的作用。

民居的细部处理反映了传统民俗观念对建筑影响的方方面面，主要体现在雕塑的位置和题材选择上，同时也表现在对各种家神神龛位置的经营上。

张壁民宅三雕俱全。砖雕使用范围极广，如照壁、巷道、门道，几乎宅院内外到处可见。木雕常用于门窗檐口、分间屏墙、结构构件、院墙门楼等部位的装饰，砖雕多见于墙面、墀头等处，而石雕则主要用于接近地面的柱础、门枕石、上马石、拴马桩等。其雕刻技法有繁有简，繁者为浮雕透雕，简者阴刻划线，线脚浑圆、层次丰富；雕刻题材丰富，有太极八卦、万字纹、宝葫芦、荷叶、莲花、琴棋书画、如意云草等。

供奉家神于住宅中，本来是中国民居的一大传统。然而在张壁，人们所供奉的家神种类之多，实在是有些出乎我们的预料。张壁人除了给自己的祖宗设牌位外，还要给天地神、灶神、财神、门神甚至于马神等设置牌位。这些牌位的位置灵活，除祖宗牌位设于正堂外，其余诸神不拘泥于固定的位置，有的在门洞中，有的在照壁上，有的挖洞龛而设，有的钉木架而成，不拘形式，丰富多彩。

八、多元的宗教文化

图8-1 二郎庙戏台
（徐庭发 摄）
在中国的寺庙中戏台历来是一个重要的组成部分，看戏也是庙会中最热闹的一个内容。张壁也不例外，在几个比较重要的寺庙中均设有戏台，二郎庙的戏台就是其中规模最大的一座。

张壁与普通军事设防村落的区别是庙堂众多。除兴隆寺被毁外，现仍遗留有八处，包括三座庙（二郎庙、关帝庙和可罕庙）及五个殿堂（吕祖阁、三大士殿、空王佛行宫、西方圣境殿和奎楼）。张壁人建造这些庙堂反映了他们在古代社会的心理需求：为武将设庙以便在精神上增加安全感；为雨神空王佛建行宫以祈雨；设西方圣境殿以求人丁兴旺，如此等等。

古代张壁人对庙堂的营建规模也反映出其内心的需求层次：从安全需要出发而为武将设立的三座庙规模最大，且自成体系，均有戏台；关帝庙还建有山门；为雨神空王佛建的空王佛行宫则大量使用琉璃，装饰丰富、美观，是张壁诸庙堂中最华丽的一座，反映了古代农业社会靠天吃饭的现实；其余的几座庙堂相对来说就要简单得多了。

庙堂的位置经营多出于风水观念和防御功能的考虑。从风水的角度来看，堡门是张壁

图8-2 空王佛行宫外观（徐庭发 摄）
这座体量不大的建筑，因其外部装饰的华丽而显得与众不同。

的气口，又是防御的主要环节，所以大部分庙堂都是围绕着堡门而建（建于堡门之上或旁边）。北堡门处又是张壁地势最低之处，从风水上讲是风水聚集之地，因而建的庙堂最多，共有五座，在空间组合上也比南堡门更为封闭、曲折。

武庙众多是张壁的一个特殊景观。张壁共有三个武庙：二郎庙、关帝庙和可罕庙。二郎、关帝是古代人心目中的战神，为其设庙者屡见不鲜：但专门建造一座可罕庙来供奉刘武周、宋金刚和尉迟敬德三位普通武将这种情况，在介休甚或全国都属罕见。

刘武周，行伍出身，自隋大业十三年（617年）二月，据马邑起兵反隋，突厥封为定杨可汗。唐武德二年（619年）闰二月，刘武周联合突厥、梁师都南侵中原。后突厥退回，刘武周和梁师都从西线继续南侵。刘武周

图8-3 可罕王庙外景
可罕王庙究竟是为谁建造的?它与刘武周之间究竟有没有关系?正是这许许多多的疑团使这座外表简陋的寺庙具备了一种特殊的吸引力。

于六月和部将宋金刚（宋金刚原为隋上谷郡草寇，后为刘武周收留，封为宋王）攻陷太原。同月初十日，刘武周率大军攻克介休，派兵守之。当时唐高祖李渊已拿下长安，遂派大将裴寂至介休与宋金刚大战，裴寂战败。至绛州（今新绛县）柏壁会战后，唐军劣势扭转，宋金刚大败。秦王李世民率兵北上，追宋于介休城西南重要关隘雀鼠谷处，与宋展开大战，李世民全胜。宋远逃突厥，宋金刚部将尉迟敬德率介休城中将士降唐。介休之战后，刘武周见大势已去，逃回突厥。这在战争史上称为"高祖平定刘武周"。对于张壁为何建造这座可罕庙的推测较多，有一种说法是刘武周兵败后，一部将逃至张壁村修堡据守，并修可罕庙以示对其三位主子的怀念。但此说缺乏足够的说服力。村中人士撰写《重修可罕庙碑记》时对建庙的动机也表示疑惑不解，只是本着既"有其举之莫敢废也"的观念完成修缮工程而已。

图8-4 关帝庙鸟瞰

张壁人对关公的崇敬，除了代代沿袭的影响以外，还夹杂着比较明确的企盼关帝护佑村落的成分。

张壁关帝庙的发展也有一个过程。清康熙五十年《关帝庙重建碑记》曰："……关圣帝君保护平安，理亦建庙祀之，彼时惜无宽广之地，逼门草创一间以权祀之。自我皇清宝鼎以来迄今七十余载未遂其志。有僧了道与贾公讳国印者相善，言曰：见贵村门外关帝庙临街献祀之际，甚属不洁，何不重建以伸其诚?贾公曰师言及此正合我意……。"于是陆续修建了大殿、僧舍、钟鼓楼、山门、乐台等等。而关帝庙的献殿则是在乾隆五十六年（1791年）才增建的。

二郎庙的建造年代，据清嘉庆二十四年刊本的《介休县志》记载是明成化十八年。前引《本村重建二郎庙碑记》（清乾隆十一年立）详细记载了将二郎庙改建为两层的风水意象。这一格局保存至今。

除了武庙之外，张壁也建有道观，即吕祖阁。阁建于北堡门楼上，供奉着"八仙"之一吕洞宾。村中《重修吕祖阁碑记》（清光绪三年立）曰："凡事不无因革损益者，亦求其尽美尽善而已。余村北门楼顶有吕祖阁焉，自道光十一年始龛仙像于斯，然规模狭隘，似不甚妥……思欲增修其制久矣……自光绪二年五月动工……神阁遂焕然一新……。"

村中已毁的佛寺兴隆寺的建造年代，很可能至少不晚于明隆庆年间（1567—1572年）。出土于该寺原址的一块残缺石碑记载："北门里西侧有寺一座，名曰古刹……历年既久，梵

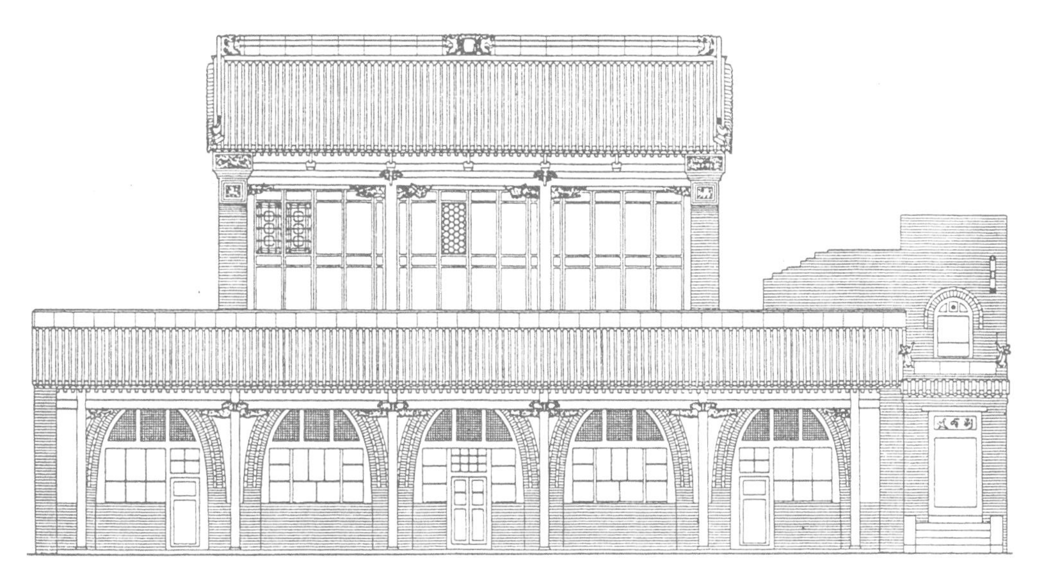

图8-5 二郎庙立面图

二郎庙的设立，与其说是宗教意义上的需要，莫如说是风水意义上的需要更为合适。

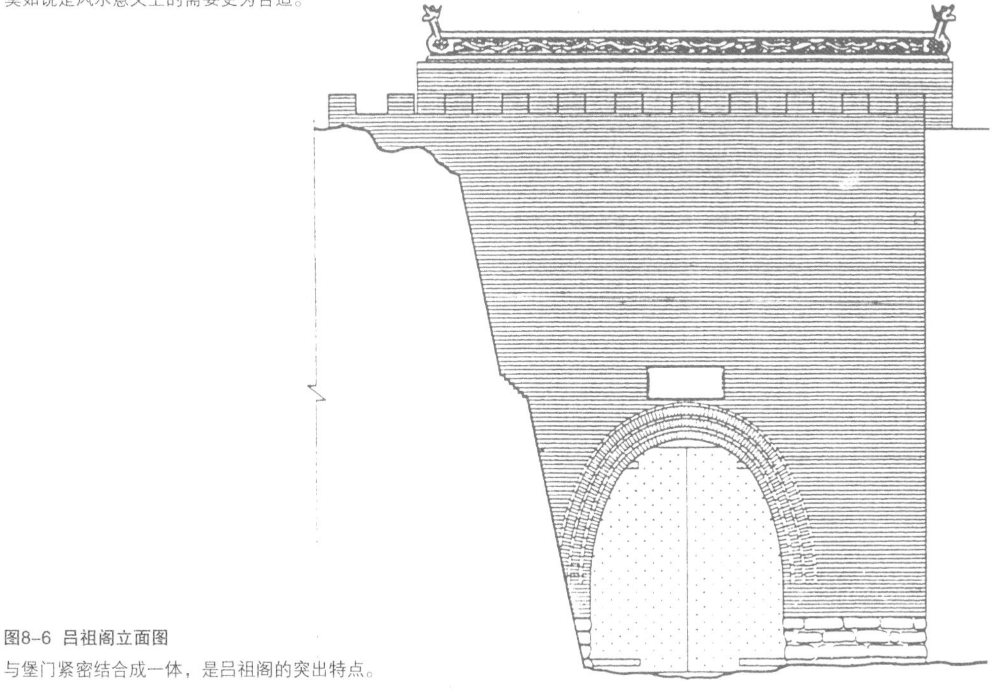

图8-6 吕祖阁立面图

与堡门紧密结合成一体，是吕祖阁的突出特点。

宇倾颓，圣像朽坏，往来过客，靡不咨慨。隆庆……一乡巨擘，一旦捐资，加增南禅堂三间，东西廊……”，惜这座碑文字迹大部模糊，无法推断其准确之年代。

三大士殿，供奉着观音、文殊、普贤三位菩萨，建筑朴实无华，惟其建造年代不详。

此外还有一座西方圣境殿，建于南堡门顶，面阔三间，年久失修。清雍正九年所立《重修张壁西方圣境碑记》曰：“西方圣境殿宇三楹，历年已久……圣像剥落，纳子传学于康熙年间，早有整饬之举……于今阙工告成……。”

张壁的寺庙中最值得一提的是空王佛行宫。这座木构建筑比例匀称，屋顶上的琉璃构件更是精美异常。村中《敕建空王行祠碑记》（明万历十四年立）简单叙述了空王佛的世事及建庙缘由：“夫空王佛者，乃往昔久远劫中苦行修道得成名佛，曰空王如来，为一大事因缘出现于世间……溯其源流，乃知古佛原陕西凤翔府人，俗姓田氏，寄居在太原府榆次县……自幼斋素，聪明智慧……遂弃家缘，割爱辞亲，与妻至开化寺削发为僧，法名惠迢……每年三月十七日空王圣诞……人民朝礼圣境，报答佛恩。登涉中途，绵山之麓，张壁村乃空王佛之要路……或遇天雨胜大不能朝礼，此村南而焚之……。”由此可知空王佛乃是传说中的高僧田志超，被当地百姓尊为雨神。建造行宫的目的与祈雨有关，行宫中目前

尚保留有一汲雨楼，系当时举行祈雨活动时的主要道具之一。

图8-7 空王佛行宫琉璃构件特写（徐庭发 摄）
这些色彩艳丽的琉璃构件，使原本呆板沉闷的屋顶充满了勃勃生机，也在一定程度上强化了空王佛的神秘意义。

总的来说，张壁的庙堂，都是村中比较讲究的建筑，在建造时也表现出一些独到的匠心，尤其是在技术、功能和地形的结合方面更是如此。

二郎庙是窑洞技术与木构技术结合的典型例子。其第一层为五开间窑洞，第二层为三开间木架结构。第一层后墙与堡墙共用，以圆拱形成的受力结构支撑着第二层房屋。合理的结构形式使整座建筑显得更加高大雄伟。

吕祖阁则体现了防卫与窑洞技术的巧妙结合。吕祖阁系在新庆门上构筑的砖窑，从堡外看仍是由雉堞形成的城墙形象，窑洞的厚土与砖砌外墙也有效地增强了防卫能力。

南堡门建筑群与地形巧妙结合，形成由三个层面而形成的空间组合。第一层面是堡外的关帝庙，由山门与正殿组成一院落，东边有三孔献殿窑洞；第二层面由地藏堂、戏台和正殿组成的可罕庙院落；从可罕庙登上南堡门顶至西方圣境殿，是为第三层面，空间层次丰富又有开阖变化。

特定历史条件下的信仰反映了人们当时的心态，反映了人们对社会的期望。正是由于人们对现实生活的难以把握，导致了对宗教神话中的传说人物的虔诚信奉。张壁一个小小的村落，宗庙殿堂之多，反映了各个时期村民的心态的复杂性，也反映了张壁历史发展的漫长。同时，多个庙堂的和平共处也反映出宗教文化的多元性及地域性特征。

九、张壁的未来

如前所述，张壁是封建社会农业经济与军事战争条件下的产物。封建的农业经济是一种自给自足的经济体系，这种经济体系以相对稳定的地缘性、封闭性、人口流动较少、生产力不发达为特征，因而以封闭结构为特征的坞壁能在古代社会得以存在。古代军事战争以冷兵器为作战特点，导致修筑了城池、坞、堡等以厚墙为特征的军事设防聚居点，这种防卫措施在古代战争中是保护人们生命的重要手段。

坞壁的封建农业性和落后的手段决定了自身的发展局限。这种发展局限性表现在它不能适应现代社会生活的需要。厚重围墙形成的地缘界限限制了聚落本身的自由增长，因而坞壁等以厚重围墙为特征的设防聚落多数难以保存原状。张壁是极少的幸存者之一，它能保存至今是由于其生产力发展缓慢的缘故。

图9-1 某些新建筑对景观的破坏
由于缺乏规划，有些新建的住宅紧邻堡墙，不仅对堡墙的安全造成了影响，同时也对张壁的景观造成了严重的破坏。

图9-2 张壁的新民居

建造在村外的新民居，虽然在外部形象上已经与张壁传统住宅产生了明显的差异，但在平面格局上仍大体维持着一明两暗的形式。

张壁是中国传统设防村落发展过程的缩影，深刻地反映了中国农业社会中设防村落发展的丰富内涵：设防以满足军事需要；发展农业以满足生活需要；信奉宗教以满足精神需要等等。其他如宗法血缘制度、建筑技术的发展演变等，亦是影响张壁村落形态形成的重要因素。

张壁给我们留下了一个色彩斑斓的微观世界：完善的军事设防体系，类型丰富的民居形态，神奇的历史传说，“因地制宜，因材施建”的建筑群，丰富的空间艺术……它所蕴藏的科学价值、历史价值、文化价值和艺术价值是中国传统文化的宝贵财富。

对待张壁的未来，人们已经形成了较为一致的认识：应以系统的、发展的眼光来看待张壁，一方面要深入揭示张壁作为坞壁形态的历史文化内涵，保护其作为坞壁形态遗存的特征；另一方面又要重视张壁所面临的严峻现实，做到保护与发展的辩证统一，缺一不可。张壁的发展系统是一个庞大的社会工程，它涉及历史遗存的保护、张壁村经济结构的调整、人口增加而带来的新区建设、居住环境的改善、生态的保护等一系列问题。

张壁是坞壁的遗存，军事性、多宗教、山地景观和丰富的民居类型是张壁村的四大特色，因而在保护中应以四大特色的维持和再现为原则。目前，在有关方面的关注与支持下，张壁村的保护和发展规划已经初步制定完成。

按照这一规划，今后的张壁村将在加强民居点建设、改善居住环境、保护原有历史遗迹及古朴景观、保护生态环境等几个方面开展一系列工作。

张壁村的旅游价值非常高。由于张壁村的群众较早地认识到了这一点，早在20世纪80年代就开始展开宣传，引起了许多建筑专家、军事专家、考古学家的注意。新闻媒介曾详细地介绍了张壁的古代军事系统，使张壁的知名度得以提高，为发展旅游事业打下了良好的基础。现在张壁的旅游经济正逐步迈向正规化，有关方面亦将其纳入介休整体旅游系统的一部分。张壁的未来将是一幅更加美丽的图画。

大事年表

朝代	年号	公元纪年	大事记	备注
金	大定年间	1161—1189年	两座古墓	1995年出土
元		1271—1368年	张姓祖先由陕西迁来张壁	
元	延祐元年	1314年	重建可罕庙（包括献殿、戏台、地藏堂）	
明	成化十八年	1482年	建造二郎庙	
明	隆庆年间	1567—1572年	建造兴隆寺	
明	万历三十年	1602年	建造空王庙	
明	天启六年	1626年	重修可罕庙（包括献殿、戏台、地藏堂）	
清	康熙五十年	1711年	重建关帝庙（包括山门与正殿）	
清	雍正九年	1731年	重建西方圣境殿	
清	乾隆十一年	1746年	二郎庙（包括戏台与正殿）重建完工	
清	乾隆五十六年	1791年	建造关帝庙献殿	
清	嘉庆年间	1796—1820年	重修可罕庙（包括献殿、戏台、地藏堂）	
清	道光年间	1821—1850年	建造奎星楼	
清	光绪二年	1876年	重修吕祖阁	
中华人民共和国		20世纪80年代	重修地道	部分地道已向游人开放，其余地道正在继续修复之中
中华人民共和国		20世纪90年代	重修关帝庙（包括山门与正殿）	
中华人民共和国		1995年	邀请天津大学建筑系师生进行古建筑测绘并制订发展与保护规划	
中华人民共和国		1997年	天津大学建筑系师生完成发展与保护规划	

"中国精致建筑100"总编辑出版委员会

总策划：周　谊　刘慈慰　许钟荣

总主编：程里尧

副主编：王雪林

主　任：沈元勤　孙立波

执行副主任：张惠珍

委员（按姓氏笔画排序）

王伯扬　王莉慧　田　宏　朱象清　孙书妍
孙立波　杜志远　李建云　李根华　吴文侯
辛艺峰　沈元勤　张百平　张振光　张惠珍
陈伯超　赵　清　赵子宽　咸大庆　董苏华
魏　枫

图书在版编目（CIP）数据

军事村落——张壁 / 杨昌鸣等撰文 / 谢国杰等摄影. —北京：中国建筑工业出版社，2014.6
（中国精致建筑100）
ISBN 978-7-112-16779-1

Ⅰ.①军… Ⅱ.①杨… ②谢… Ⅲ.①村落-建筑艺术-介休市-图集 Ⅳ.①TU-862

中国版本图书馆CIP数据核字（2014）第080897号

责任编辑：董苏华 张惠珍 孙立波
技术编辑：李建云 赵子宽
图片编辑：张振光
美术编辑：赵 清 康 羽
书籍设计：瀚清堂·赵 清 周伟伟 康 羽
责任校对：张慧丽 陈晶晶 关 健
图文统筹：廖晓明 孙 梅 骆毓华
责任印制：郭希增 臧红心
材料统筹：方承艺

中国精致建筑100
军事村落——张壁
杨昌鸣 谢国杰 张玉坤 撰文/谢国杰 徐庭发 摄影

中国建筑工业出版社出版、发行（北京西郊百万庄）
各地新华书店、建筑书店经销
南京瀚清堂设计有限公司制版
北京顺诚彩色印刷有限公司印刷

开本：889×710 毫米 1/32 印张：3 插页：1 字数：125千字
2016年12月第一版 2016年12月第一次印刷
定价：**48.00**元
ISBN 978-7-112-16779-1
（24392）